NBB KOMPAKT

2

Artenvielfalt auf der Pferdeweide

Grünland erkennen – Zeigerpflanzen deuten

2., stark erweiterte Auflage

Dr. Renate Ulrike Vanselow

NBB kompakt Bd. 2
VerlagsKG Wolf · 2016

mit 111 Farbabbildungen

Titelbild: Aserbaidschanisches Gebirgspferd (Quba) im internationalen Outfit als Wanderreitpferd auf deutscher Kuckucks-Lichtnelken-Wiese.
Aufnahme: Silke Dehe

ISBN: 978-3-89432-147-5

Lektorat: Dr. Günther Wannenmacher · www.lektorat-wannenmacher.de
Satz und Layout: Alf Zander
Druck und Bindung: Westarp & Partner Digitaldruck UG · Printed in Serbia

Inhaltsverzeichnis

Vorwort zur 2. Auflage

Das Interesse an artenreichen Weiden und Wiesen für Pferde ist ungebrochen. Für viele Pferde ist eine traditionelle Futtergrundlage mit möglichst langem Aufenthalt im Freien die gesündeste Haltungsform. Doch wie sehen artenreiche Grasländer aus? Viele Pferdehalter haben noch nie in ihrem Leben eine bunte Wiese aus Wildpflanzen gesehen. Wer nur grüne Monokulturen, verunkrautete Flächen und angesäte Blumenwiesen aus Zuchtsorten kennt, dem ist die Vegetation traditioneller Wiesen und Weiden fremd. Wie sieht die Artenzusammensetzung aus, wie reagieren die Pflanzen auf Nutzung und Pflegemaßnahmen?

Dieser Band kann weder ein Bestimmungsbuch ersetzen noch die Kenntnisse der Pflanzenbestimmung vermitteln. Er kann nur eine Idee weitertragen. Er kann auf wenigen Seiten auch keine Lehre und kein Studium im Umgang mit Ökosystemen, wie Grasländer es sind, ersetzen. Genau wie die Pflege eines Pferdes verlangt die Pflege von Grasland ein aufmerksames Auge, die Bereitschaft, ständig zu beobachten und hinzuzulernen, sowie sehr viel Erfahrung. Das Heft soll die Augen öffnen und das Verständnis erweitern – und wer Lust auf mehr bekommen hat, wird fündig in auch für Laien verständlichen Bestimmungsbüchern blühender Pflanzen oder in den wunderschön bebilderten und ebenfalls für Laien verständlichen Büchern »Wilde Weiden« und »Naturnahe Beweidung«, die sich mit der Pflege und Nutzung artenreicher naturnaher Standorte unter Beweidung beschäftigen.

Dobersdorf/Tökendorf, 2016

Dr. Renate Vanselow

Vorwort zur 1. Auflage

Pferdehaltung und Naturschutz. Gegensätze? Nein! Viele Pferdehalter träumen von artenreichen Weiden und riesigen Flächen für ihre geliebten Schützlinge. Innerhalb der Vereinigung der Freizeitreiter und -fahrer in Deutschland e.V. (VFD) sind etliche reitende Biologen organisiert, die nicht nur am Natursport Wanderreiten interessiert sind. Der durchschnittliche Freizeitreiter besitzt drei Pferde: ein Reitpferd, ein Gnadenbrotpferd und ein Gesellschaftspferd, das beim Gnadenbrotpferd zurückbleibt, wenn Reiter und Reitpferd in die Natur verschwinden. Diese Tiere hält der Freizeitreiter bevorzugt in Eigenregie am Haus oder auf nahen, gepachteten Flächen. Dabei wird mitunter großer Wert auf ökologische Weidepflege gelegt. Aus diesem Grund gibt es tatsächlich wertvolle Flächen unter Pferdehaltung. Verstärkt wird diese Tendenz durch die Tatsache, dass Flächen, die für intensive Landwirtschaft nicht mehr interessant sind (z. B. Streuobstwiesen, steinige Hänge, sumpfige Uferwiesen) Pferdehaltern angeboten werden.

Seit Jahren war es Silke Dehe, Schriftführerin des Bundesvorstandes der VFD und vom Wanderreiten begeisterte Biologin, ein Wunsch, die Artenvielfalt der Pferdeweiden ins öffentliche Bewusstsein zu heben. Und so nimmt die VFD das Jahr 2008 endlich zum Anlass, sich am »Tag der Artenvielfalt«, einer jährlichen Aktion des Magazins Geo, zu beteiligen. Um VFD-Mitglieder, aber auch alle anderen naturliebenden Pferdehalter für die Idee zu begeistern, soll dieses Büchlein einen Vorgeschmack bieten, was uns Pferdehaltern am Tag der Artenvielfalt auf unseren Weiden blühen kann – oder in Zukunft blühen könnte.

Dobersdorf/Tökendorf, 2008

Dr. Renate Vanselow

Teil 1: Vegetationstypen der Wiesen und Weiden

Wiesen und Weiden dienen der Ernährung der Weidetiere. Daher wurden diese Vegetationsformationen lange Zeit als künstlich vom Menschen geschaffen betrachtet. Heute geht man davon aus, dass lange vor der Besiedlung Europas durch den Menschen mit seinen Haustieren wilde Pflanzenfresser hier vergleichbare Landschaften durch Fraß selber gestalteten – so wie in den von riesigen Herden bewohnten Savannen Afrikas (Vanselow 2005). Wald und Weidelandschaft wurden in Deutschland erst vor etwas über zweihundert Jahren getrennt durch das gesetzliche Verbot der Waldweide. Die steigende Bevölkerungszahl führte zur Überweidung und damit zur Schädigung der Wälder. Holz wurde zur Mangelware. Das Gesetz schützte die deutschen Wälder und die Waldwirtschaft. Doch davor waren Wälder und Weidelandschaften in allen Warmzeiten zwischen den Eiszeiten ein untrennbares Mosaik unserer Landschaft. Die »unberechenbaren« wilden Weidetiere wurden vom Menschen kurzerhand durch leicht zu handhabende Haustiere ersetzt. An die Stelle der großen Beutegreifer setzte der Mensch sich selber.

Seit einigen Jahren kehren in viele Naturschutzgebiete die großen Pflanzenfresser zurück (Bunzel-Drüke et al. 2008 und 2015).

Aber auch private Pferdehalter können ihre Tiere die eigene kleine Landschaft naturnah-dynamisch gestalten lassen. Das Erkennen von Vegetationstypen und Pflanzen mit Zeigerwerten hilft, die Dynamik zu verstehen und lenkend gewünschte und unerwünschte Effekte zuzulassen oder zu vermeiden.

Die Vegetation hat viele Strategien zum Schutz vor Fraß und Vernichtung und damit zur Stabilisierung des Ökosystems Weidelandschaft. Die offensichtlichsten Abwehrmechanismen sind Dornen und Gifte. In diesem Zusammenhang muss auch auf Giftpflanzen hingewiesen werden (Vanselow 2002, Vanselow 2011, Weber & Vanselow 2011, Vanselow & Weber 2012), die durch ungünstiges Management Futtergrundlagen vernichten können. Wer gnadenlos überweidet, selektiert damit auf die härtesten und giftigsten Gräser und Kräuter.

Abb. 1: Einzelausläufe mit Heu und Wasser im Wald. Vollbluttraber in Rennkondition in Schweden. Foto: Renate Vanselow.

Abb. 2: Rinderweide am Waldrand. Das Blätterdach ist bis Maulhöhe abgefressen. Foto: Renate Vanselow.

Abb. 3: Frei lebende Koniks in der halboffenen Weidelandschaft Naturschutzgebiet Schäferhaus (Halbtrockenrasen auf Sandboden). Foto: Gerd Kämmer

Abb. 4: Koniks als Landschaftspfleger im Naturschutzgebiet Schäferhaus. Foto: Renate Vanselow.

Abb. 5: Naturschutzgebiet Schäferhaus. In der Mittagshitze suchen die Koniks den Schatten eines Gebüschs auf. Foto: Renate Vanselow.

Abb. 6: Vegetationsfreie Hangweide, die als Winterauslauf genutzt wurde. Der vordere Bereich ist befestigt (Sandaufschüttung und ehemaliger Spaltenboden). Die Fläche wurde mit »Reparatursaatgut« neu eingesät und über Sommer intensiv beweidet. Foto: RENATE VANSELOW.

Abb. 7: Unbefestigter Winterauslauf als Spielplatz für Pferde am Ende des Winters. Über Sommer liegt die Fläche brach und ist von »Ackerunkräutern« bewachsen. Foto: RENATE VANSELOW.

Abb. 8-11: Raupen und Schmetterling des Blutbärs, auch Jakobskrautbär (*Thyria jacobaea*) genannt, auf ihrer für Weidetiere giftigen Futterpflanze Jakobs-Kreuzkraut (*Senecio jacobaea*). Fotos: GERD KÄMMER.

1 Vegetation betretener Wege und Plätze

Abb. 12, 13: Tiere legen Pfade (Wildwechsel) an. Hier die Pfade der frei lebenden Galloway und deren Scharrplätze im Naturschutzgebiet Schäferhaus. Fotos: RENATE VANSELOW.

Abb. 14: Landwirtschaftlicher Wirtschaftsweg mit Trampelpfad von Tier und Mensch. Foto: RENATE VANSELOW.

Abb. 15: Riesiger Wälzplatz auf Sandboden. Von Generationen von Koniks angelegt im Reservat des staatlichen Konikgestüts in Popielno/Polen. Foto: RENATE VANSELOW.

Abb. 16: Zertretene Bereiche einer Sommer-Standweide. Foto: RENATE VANSELOW.

Abb. 17: Typische Vertrittgesellschaft mit Strahlenloser Kamille (*Matricaria matricarioides*), Echter Kamille (*Matricaria recutita*), Breitwegerich (*Plantago major*) und Hirtentäschel (*Capsella bursa-pastoris*). Foto: RENATE VANSELOW.

Abb. 18 und 19: Rainfarn (*Chrysanthemum vulgare*) und Malven (*Malva* spp.) finden sich oft an Wegrändern. Fotos: Silke Dehe.

Abb. 20 und 21: Acker-Krummhals (*Lycopsis arvensis*) und Reiherschnabel (*Erodium cicutarium*) mögen brachliegende Winterausläufe. Fotos: Nikola Fersing.

Abb. 22: Acker-Winde (*Convolvulus arvensis*) am Wegrand. Foto: Silke Dehe.

Jede Weide hat Pfade (Wechsel), einen Torbereich, eine Tränke – und mancher Tierhalter opfert einen »Winterauslauf« dem Vertritt der bewegungsfreudigen Tiere, um im Gegenzug die kostbaren Sommerweiden zu schonen. Daher finden sich in jeder Tierhaltung Bereiche, die häufiger als andere betreten und verdichtet werden.

Die Pflanzen dieser Bereiche zeichnen sich durch besondere Fähigkeiten aus: Sie halten es aus, dass sie zertreten, oft tief abgefressen und ausgerissen werden, dass die Tiere Kot und Urin absetzen, dass der Boden aufgerissen oder verdichtet wird. Verdichteter Lehmboden lässt wenig Wasser abfließen: Es bildet sich Staunässe.

Abb. 23: Kriechender Hahnenfuß und Brennnesseln auf einem durch Vertritt im Winter stark verdichteten und durch Pferdeäppel und Harn auf kleiner Fläche überdüngten Boden. Foto: Renate Vanselow.

Abb. 24: Gifthahnenfuß (*Ranunculus sceleratus*) im frisch ausgehobenen Graben. Foto: Renate Vanselow.

Abb. 25 bis 28: Scharfer Hahnenfuß (*Ranunculus acer*) auf einer Feuchtwiese nach monatelanger Übernutzung durch Pferde im Vorjahr. Der nicht tragfähige humose Boden kann von schweren Weidetieren nur bei Trockenheit betreten werden, soll kein Massenaufwuchs vom Hahnenfuß provoziert werden. Der hier abgebildete Aufwuchs kann als Heu, nicht aber als Silage genutzt werden. Eine extensive Nachbeweidung im trockenen Spätsommer wird problemlos vom Boden vertragen. Der Hahnenfuß hat seinen Hauptaufwuchs zum Zeitpunkt des ersten Heuschnitts und tritt danach in der Vegetation zurück. Winterweide ist nur bei starkem Frost möglich. Fotos: Renate Vanselow.

Abb. 29: Die gleiche Fläche wie Abb. 25 bis 28 vier Monate später im Herbst. Nach dem Heuschnitt wurde mit Festmist gedüngt und die Vegetation durfte hochwachsen. Vom Hahnenfuß ist nun nichts mehr zu sehen und solange die Witterung trocken bleibt, dürfen die Pferde hier weiden. Foto: Renate Vanselow.

Der Dung und noch mehr der Harn liefern reichlich Nährstoffe an. Der offene Boden bietet Lichtkeimern die Möglichkeit einer schnellen Samenentwicklung. Das ist interessant für ein- und zweijährige kleine Pflanzen, die alle Kraft in die Samenproduktion stecken, um dann wieder zu verschwinden. Sandböden und trockene Standorte zeigen kaum Vertrittvegetation, da diese Pflanzen feuchte bis nasse Böden bevorzugen.

Besonders häufige Vertreter sind: Breitwegerich (*Plantago major*), Deutsches Weidelgras (*Lolium perenne*), Einjähriges Rispengras (*Poa annua*), Hirtentäschel (*Capsella bursa-pastoris*), Löwenzahn (*Taraxacum officinale*), Strahlenlose Kamille (*Matricaria matricarioides*), Vogelknöterich (*Polygonum aviculare*), Weißklee (*Trifolium repens*).

2 Düngeweiden

Düngeweiden waren aufgrund des Düngermangels in der Vergangenheit eine seltene Ausnahme und haben erst in der Moderne die Führung im Grünland übernommen. Wenn früher Grünland gedüngt wurde, dann die hofnahen Mähwiesen für den Wintervorrat.

Abb. 30: Alpine Talwiesen zwischen Garmisch und Grainau Ende Mai 1991. Fünf Mahden dank intensivster Festmistdüngung (Mistlagerung siehe rechts im Bild) bei starker Sonneneinstrahlung (900 m ü. NN) und günstiger Witterung. Trocknung auf Holzreutern (Hintergrund) und Lagerung des losen Heus in Heustadeln ergaben hochwertigste Qualität dieses extrem artenreichen Bergwiesenheus. Foto: RENATE VANSELOW.

Der Wintervorrat war v.a. im schneereichen Süden Deutschlands wichtig, während im durch das milde Meeresklima geprägten Norden die Tiere viel länger auf der Weide laufen konnten. Daher war in Norddeutschland die Viehweide weit verbreitet. In Süddeutschland fand man eher eine extensive Sommerweide der entfernteren Hänge und Bergregionen, während im Tal die wertvollen Wiesen gemäht wurden.

Weidelgras-Weißklee-Weide

Abb. 31: Weidelgras-Weißklee-Weiden führen bei Robustpferden leicht zur Verfettung. Foto: Renate Vanselow.

Abb. 32: Kein Getreide-, sondern ein Gras-Acker. Weidelgras-Monokultur, angesät zur Silageproduktion für Milchvieh. Foto: Renate Vanselow.

Weit verbreitet im Flachland, zunehmend aber auch in höheren Regionen und durch gezielte Pflanzenzucht weltweit etabliert, ist die Weidelgras-Weißklee-Weide, die hier beispielhaft für Düngeweiden dargestellt wird. Bestimmend für die Artenzusammensetzung ist die Intensität von Düngung und Beweidung. Durch Vertritt und Bodenverdichtung mit folgender Staunässe können die Übergänge zur Vertrittvegetation ebenso wie zum Flutrasen fließend sein.

Außer den namengebenden Arten Deutsches Weidelgras (*Lolium perenne*) und Weißklee (*Trifolium repens*) sowie der oben beschriebenen Vertrittvegetation sind noch einige Weideunkräuter auf Weidelgras-Weißklee-Weiden häufig anzutreffen: Acker-Kratzdistel (*Cirsium arvense*; Abb. 33 und 34), Stumpfblättriger Ampfer (*Rumex obtusifolius*; Abb. 35), Brennnessel (*Urtica dioica*), Krauser Ampfer (*Rumex crispus*), Kriechender Hahnenfuß (*Ranunculus repens*; Abb. 23) und Wiesen-Kerbel (*Anthriscus sylvestris*).

Abb. 33 und 34: Acker-Kratzdistel, blühend und verblüht (*Cirsium arvense*). Fotos: Silke Dehe.

Abb. 35: Im Herbst ist beim Stumpfblättrigen Ampfer der abgesamte rotbraune Blütenstand auffällig. Daher sein regionaler Name »Rotstock«. Die Samen bleiben im Boden jahrzehntelang keimfähig. Sobald Tritt und Verbiss Licht an den Boden bringen, ergreifen die Samen ihre Chance und zaubern aus einem »unkrautfreien« Grasland innerhalb von zwei Jahren einen beeindruckenden Ampferbestand. Foto: Renate Vanselow.

Einige andere Gräser und Kräuter können sich – je nach Nutzungsintensität – halten:

Unter Schnitt- und Weidenutzung

Hier finden sich zusätzlich besonders häufig Wiesen-Rispengras (*Poa pratensis*), Wiesen-Knäuelgras (*Dactylis glomerata*), Wiesen-Löwenzahn (*Taraxacum officinale*), Wiesen-Lieschgras (*Phleum pratense*), Wiesen-Bärenklau (*Heracleum sphondylium*), Bastardweidelgras (*Lolium hybridum*), Ehrenpreisarten (*Veronica* spp.; Abb. 36), Spitzwegerich (*Plantago lanceolata*) und Gemeine Schafgarbe (*Achillea millefolium*).

Abb. 36: Gamender-Ehrenpreis (*Veronica chamaedrys*). Foto: Nikola Fersing.

Unter reiner Weidenutzung

Häufig anzutreffen sind neben den oben genannten Arten Wiesen-Lieschgras (*Phleum pratense*), Wiesen-Kammgras (*Cynosurus cristatus*), Wiesen-Rispengras (*Poa pratensis*), Wiesen-Löwenzahn (*Taraxacum officinale*), Gänseblümchen (*Bellis perennis;* Abb. 37) und Großer Wegerich (*Plantago major*). Je intensiver die Nutzung und Düngung, desto artenärmer die Zusammensetzung.

Abb. 37: Gänseblümchen (*Bellis perennis*). Foto: Silke Dehe.

3 Futterwiesen und Streuewiesen

Wiesen wurden von Menschen zur Viehhaltung angelegt. Als Futterwiese diente sie zur Gewinnung von Winterfutter, als Streuewiese zur Gewinnung kostbarer Einstreu, die dann später, vermengt mit dem Kot der Tiere, der wertvolle Dünger für die Äcker war. Stroh war früher in Regionen mit nicht ackerfähigen Böden knapp und teuer. Streuewiesen sind daher v.a. in den Gebirgsregionen weit verbreitet gewesen.

3.1 Glatthaferwiesen

Bis in die 1960er-Jahre war diese Form des Dauergrünlands v. a. im Süden Deutschlands in niedrigen Lagen (bis 500 m ü. NN) weit verbreitet. Es kann zweimal gemäht werden, wobei man den weniger wertvollen zweiten Schnitt nach dem Heuschnitt als Öhmd oder Grummet bezeichnet (Restmahd). Gedüngt wird traditionell mit Festmist. Die Feuchtigkeit des Standortes bewirkt unterschiedliche Artenzusammensetzungen, sodass sich drei Varianten unterscheiden lassen:

- Kohldistel-Glatthaferwiese (frisch-feucht);
- typische Glatthaferwiese;
- Salbei-Glatthaferwiese (trocken).

Streuobstwiesen mit hochstämmigen Obstbäumen gehören ursprünglich zur typischen Glatthaferwiese. Dieser Lebensraum ist besonders artenreich (Fauna und Flora) und hat einen hohen Erholungswert. Insekten wie die solitär lebenden Mauerbienen (wichtige natürliche Bestäuber der Obstbäume) finden hier ganzjährig Nahrung und Unterschlupf, wenn durch extensive Nutzung reiche Blühaspekte erhalten bleiben.

Kohldistel-Glatthaferwiesen

Häufige bzw. auffällige Arten sind Wiesen-Fuchsschwanz (*Alopecurus pratensis*), Großer Wiesenknopf (*Sanguisorba officinalis*), Kuckucks-Lichtnelke

Abb. 38: Bunte Mähwiese, u. a. mit Margerite (*Leucanthemum vulgare*), Wiesen-Flockenblume (*Centaurea jacea*), Pippau (*Crepis* spec.), Hornklee (*Lotus* spec.) und Kreuzblume (*Polygala* spec.). Der gelbe Ginster kann je nach Art in größeren Mengen wie hier im Bild auch im Heu zu gesundheitlichen Problemen führen. Foto: Silke Dehe.

Abb. 39: Margerite (*Leucanthemum vulgare*) mit Schwalbenschwanz (*Papilio machaon*), außerdem Scharfer Hahnenfuß (*Ranunulus acer*). Foto: Silke Dehe.

Abb. 40: Wiesen-Schaumkraut (*Cardamine pratensis*). Foto: Silke Dehe.

(*Lychnis flos-cuculi*, siehe Titelbild), Wald-Engelwurz (*Angelica sylvestris*), Kohldistel (*Cirsium oleraceum*), Tag-Lichtnelke (*Melandrium rubrum*), Wiesen-Schaumkraut (*Cardamine pratensis*), Wiesen-Pippau (*Crepis biennis*), Zottiger Klappertopf (*Rhinanthus alectorolophus*), Zaun-Wicke (*Vicia sepium*) und Glatthafer (*Arrhenatherum elatius*).

Typische Glatthaferwiesen

Hier finden sich neben dem Glatthafer (*Arrhenatherum elatius*) auch Wiesen-Labkraut (*Galium mollugo*), Wiesen-Pippau (*Crepis biennis*), Wiesen-Glockenblume (*Campanula patula*) und Zaun-Wicke (*Vicia sepium*). Auffällig und häufig sind Wiesen-Bärenklau (*Heracleum sphondylium*), Wiesen-Kerbel (*Anthriscus sylvestris*), Wiesen-Knäuelgras (*Dactylis glomerata*), Wiesen-Schwingel (*Festuca pratensis*), Pastinak (*Pastinacea sativa*; Abb. 41), Wolliges Honiggras (*Holcus lanatus*), Margerite (*Leucanthemum vulgare*; Abb. 42), Wiesen-Storchschnabel (*Geranium pratense*), Wiesen-Flockenblume (*Centaurea jacea*; Abb. 42) und Wiesen-Bocksbart (*Tragopogon pratensis*). Der Standort ist etwas trockener als die Kohldistel-Glatthaferwiese.

Abb. 41: Pastinak (*Pastinacea sativa*; mit grünlich-gelber Doldenblüte), außerdem Glatthafer, Kornblume (Zuchtform), Kratzdistel, Wilde Karde, Kamille, Kleiner Wiesenknopf. Foto: Silke Dehe.

Abb. 42: Margerite (*Leucanthemum vulgare*), Wiesen-Flockenblume (*Centaurea jacea*), Weißklee (*Trifolium repens*), Rotklee (*Trifolium pratense*), Rotschwingel (*Festuca rubra*), Honiggras (*Holcus lanatus*), Rundblättrige Glockenblume (*Campanula rotundifolia*), Glatthafer (*Arrhenatherum elatius*) u. a. m. Foto: Silke Dehe.

Salbei-Glatthaferwiesen

Die dem Halbtrockenrasen ähnlichen Wiesen sind zweischürig und wärmeliebend. Man findet Weiche Trespe (*Bromus hordeaceus*), Wiesen-Salbei (*Salvia pratensis;* Abb. 43), Aufrechte Trespe (*Bromus erectus*), Knolligen Hahnenfuß (*Ranunculus bulbosus*), Skabiosen-Flockenblume (*Centaurea scabiosa*), Gewöhnlichen Hornklee (*Lotus corniculatus*), Flaumhafer (*Avena pubescens*), Wiesen-Knautie (*Knautia arvensis*) und Margerite (*Leucanthemum vulgare*).

Abb. 43: Wiesen-Salbei (*Salvia pratensis*). Foto: Silke Dehe

Abb. 44: Schwarze Teufelskralle (*Phyteuma nigra*; mit dunkelvioletten Blütenköpfen), außerdem Bärwurz (*Meum athamanticum*), Hahnenfuß (*Ranunculus* spec.), Margerite (*Leucanthemum vulgare*) und Salbei (*Salvia pratensis*) (beide nicht blühend); Gebüsch: Ahorn (*Acer* spec.): Foto: SILKE DEHE.

3.2 Glatthafer-Goldhaferwiesen

Goldhaferwiesen sind weniger wüchsig als Glatthaferwiesen. Sie finden sich v. a. in höheren Lagen (über 500 m). Ursprünglich wurde die ein- bis zweischürige Wiese mit Festmist gedüngt. Neben Goldhafer (*Trisetum flavescens*) finden sich Wiesen-Kerbel (*Anthriscus sylvestris*), Wiesen-Pippau (*Crepis biennis*), Wiesen-Glockenblume (*Campanula patula*), Schwarze Teufelskralle (*Phyteuma nigra*; Abb. 44), Weicher Pippau (*Crepis mollis*), Schwarze Flockenblume (*Centaurea nigra*), Große Bibernelle (*Pimpinella major*) und Weißes Labkraut (*Galium album*). Häufig und auffällig sind weiterhin Frauenmantel (*Alchemilla monticola*), Bärwurz (*Meum athamanticum*; Abb. 45), Scharfer Hahnenfuß (*Ranunculus acer*; Abb. 46), Rauer Löwenzahn (*Leontodon hispidus*), Wiesen-Bärenklau (*Heracleum sphondylium*), Margerite (*Leucanthemum vulgare*), Roter Wiesenklee (*Trifolium pratense*), Wiesen-Knöterich (*Polygonum bistorta*) und Blutwurz (*Potentilla erecta*).

Abb. 45: Bärwurz (*Meum athamanticum*). Foto: SILKE DEHE.

Abb. 46: Scharfer Hahnenfuß (*Ranunculus acer*). Originalscan einer Herbarpflanze der Autorin.

Abb. 47: Die durch Verbiss geformte Gebüschkante bildet einen dichten, gleitenden Übergang vom Grünland zur Strauchschicht. Naturschutzgebiet Schäferhaus. Foto: Renate Vanselow

3.3 Futterwiesen nährstoffreicher Feuchtböden

Sumpfdotter- und Kohldistelwiesen

Diese Standorte zeichnen sich durch das Fehlen der Arten der Glatthafer-, Goldhafer- und Pfeifengras-Wiesen aus. Stattdessen können Seggen den Übergang zum Ried bilden. Außer den namengebenden Arten (*Cirsium oleraceum, Caltha palustris*; Abb. 48) finden sich charakteristischerweise Wiesensilge (*Silaum silaus*), Kuckucks-Lichtnelke (*Lychnis flos-cuculi*), Sumpf-Vergissmeinnicht (*Myosotis palustris*; Abb. 49), Sumpf-Hornklee (*Lotus uliginosus*), Wiesen-Knöterich (*Polygonum bistorta*), Wald-Simse (*Scirpus sylvaticus*), Sumpf-Pippau (*Crepis paludosa*) und Breitblättriges Knabenkraut (*Dactylorhiza majalis*).

Auffällig sind weiterhin Bach-Nelkenwurz (*Geum rivale*), Mädesüß (*Filipendula ulmaria*; Abb. 50), Bach-Kratzdistel (*Cirsium rivulare*), Sumpf-Schachtelhalm (*Equisetum palustre*; Abb. 51), Flatter-Binse (*Juncus effusus*), Wiesen-Schaumkraut (*Cardamine pratensis*; Abb. 40), Wald-Engelwurz (*Angelica sylvestris*), Blutweiderich (*Lythrum salicaria*), Trollblume (*Trollius europaeus*) und Sumpf-Storchschnabel (*Geranium palustre*).

An Gräsern bieten Wiesen-Fuchsschwanz (*Alopecurus pratensis*), Wiesen-Schwingel (*Festuca pratensis*), Weiches Honiggras (*Holcus lanatus*) und Gewöhnliche Rispe (*Poa trivialis*) eine gute Grundlage für die zweischürige Mahd bei gelegentlicher Festmistdüngung.

Nicht nur der Artenreichtum der Pflanzen ist beachtlich, auch die Fauna ist sehr artenreich auf diesen Nasswiesen vertreten.

Abb. 48: Sumpfdotterblume (*Caltha palustris*). Foto: SILKE DEHE.

Abb. 49: Vergissmeinnicht (*Myosotis* spec.). Foto: SILKE DEHE.

Abb. 50: Mädesüß (*Filipendula ulmaria*). Foto: SILKE DEHE.

Abb. 51: Sumpf-Schachtelhalm (*Equisetum palustre*). Foto: SILKE DEHE.

Abb. 52: Holunderblättriger Baldrian (*Valeriana sambucifolia*). Foto: SILKE DEHE.

Abb. 53: Gelbe Schwertlilie (*Iris pseudacorus*) mit Mädesüß (*Filipendula ulmaria*) am Ufer. Foto: RENATE VANSELOW.

3.4 Pfeifengras-Streuewiesen

Hier wird nicht Futtergewinnung, sondern nur Gewinnung von Einstreu betrieben. Die sehr feuchten Standorte mit hohem Rohhumusgehalt lassen eine Beweidung kaum zu, können aber bei später einmaliger Mahd im Herbst oder bei Bodenfrost im Winter ständig hohe Stroherträge erbringen, ohne je gedüngt werden zu müssen. Pfeifengrasstroh besteht weitgehend aus Zellulose. Als Heu ist es zu eiweiß- und nährstoffarm.

Zu erkennen sind diese Wiesen am Pfeifengras und an Streuewiesenpflanzen: Silge (*Selinum carvifolia*), Schwalbenwurz-Enzian (*Gentiana asclepiadea*), Weiden-Alant (*Inula salicina*), Sumpf-Schafgarbe (*Achillea ptarmica*), Färber-Scharte (*Serratula tinctoria*), Lungen-Enzian (*Gentiana pneumonanthe*), Nordisches Labkraut (*Galium boreale*), Brenndolde (*Cnidium dubium*) und Teufelsabbiss (*Succisa pratensis*; Abb. 54) sind Charakterarten. Daneben finden sich Blaues Pfeifengras (*Molinia caerulea*), Hirsen-Segge (*Carex panicea*), Prachtnelke (*Dianthus superbus*), Kugel-Teufelskralle (*Phyteuma orbiculare*), Sumpf-Hornklee (*Lotus uliginosus*), Sumpf-Kratzdistel (*Cirsium palustre*), Sibirische Schwertlilie (*Iris sibirica*) und Blutwurz (*Potentilla erecta*) häufig.

Abb. 54: Teufelsabbiss (*Succisa pratensis*), Naturschutzgebiet Reesholm in der Schlei. Foto: Gerd Kämmer.

4 Hochstaudenfluren

Die großblättrigen, mastigen (= weich- und dickblättrigen) Kräuter der Hochstaudenfluren brauchen neben Wasser vor allem Nährstoffe. Daher sind sie eher auf Sumpfdotter- und Kohldistelwiesen anzutreffen als auf Pfeifengraswiesen. Auenböden und Bachläufe sind ebenso ihre Heimat wie Mullböden nährstoffreicher Waldlichtungen.

Auf Pferdeweiden finden sich Mädesüß-Uferfluren am Übergang zu Gewässern. Charakteristische Arten sind Mädesüß (*Filipendula ulmaria*; Abb. 50), Gilbweiderich (*Lysimachis vulgaris*), Sumpf-Storchschnabel (*Geranium palustre*), Geflügeltes Johanniskraut (*Hypericum tetrapterum*), Blut-Weiderich (*Lythrum salicaria*) und Kriechender Arznei-Baldrian (*Valeriana procurrens*).

Als dominant und auffällig gelten zudem Wasserminze (*Mentha aquatica*), Zaunwinde (*Calystegia sepium*; Abb. 55), Zottiges Weidenröschen (*Epilobium hirsutum*; Abb. 57), Kanadische Goldrute (*Solidago canadensis*) und Wasserdost (*Eupatorium cannabinum*; Abb. 56).

Abb. 55: Zaunwinde (*Calystegia sepium*). Foto: SILKE DEHE.

Abb. 56: Wasserdost (*Eupatorium cannabinum*). Foto: SILKE DEHE.

Abb. 57: Weidenröschen (*Epilobium* spec.), links ins Bild ragend eine Brennnessel (*Urtica* spec.). Fotos: NIKOLA FERSING.

5 Magerrasen, Trocken- und Halbtrockenrasen

Trockenrasen sind nicht nur stark gefährdet. Sie gehören zu den artenreichsten Lebensräumen Mitteleuropas und stellen durch ihr intensives Wurzelwerk einen wichtigen Erosionsschutz dar. Ursprünglich wurden alle Magerrasen wie beispielsweise Borstgras-Magerrasen oder Wacholderheiden beweidet.

Halbtrockenrasen und Trockenrasen (Kalk-Magerrasen): Entscheidend für die Entstehung ist hier die Flachgründigkeit des Standortes, der nie grundwasserbeeinflusst ist. Während die Wasserversorgung in Frühjahr und Herbst normal ist, kann es in regenarmen Perioden zu Wassermangel mit entsprechender Einschränkung der Produktivität kommen. Beim Trockenrasen treten diese Mangelsituationen regelmäßig ein.

Abb. 58: Grün-Widderchen (*Procris pruni*) auf Tauben-Skabiose (*Scabiosa columbaria*), Naturschutzgebiet Schäferhaus. Foto: Gerd Kämmer.

Abb. 59: Heide-Nelke (*Dianthus deltoides*). Foto: GERD KÄMMER.

Abb. 60: Zypressen-Wolfsmilch (*Euphorbia cyparissias*). Foto: SILKE DEHE.

Abb. 61: Tausendgüldenkraut (*Centaurium erythrea*). Foto: SILKE DEHE.

Abb. 62: Großaufnahme Tausendgüldenkraut (*Centaurium erythrea*). Foto: SILKE DEHE.

Abb. 63: Zittergras (*Briza media*). Originalscan einer Herbarpflanze der Autorin.

Abb. 64: Königskerze (*Verbascum nigrum*) im Naturschutzgebiet Schäferhaus (Halbtrockenrasen). Getrocknet im Heu sind die kräftigen Blütenstängel samtig-glänzend schwarz. Foto: Renate Vanselow.

Es finden sich auf Halbtrockenrasen häufig Tauben-Skabiose (*Scabiosa columbaria*; Abb. 58), Skabiosen-Flockenblume (*Centaurea scabiosa*), Aufrechte Trespe (*Bromus erectus*), Heide-Nelke (*Dianthus deltoides*; Abb. 59), Zypressen-Wolfsmilch (*Euphorbia cyparissias*; Abb. 60), Gemeiner Wundklee (*Anthyllis vulneraria*), Gewöhnlicher Hornklee (*Lotus corniculatus*), Kugel-Teufelskralle (*Phyteuma orbiculare*), Echtes Tausendgüldenkraut (*Centaurium erythrea*; Abb. 61 und 62), Flaum- (*Avena pubescens*) und Trift-Hafer (*Avena pratensis*), Kleiner Wiesenknopf (*Sanguisorba minor*; Abb. 41) und Zittergras (*Briza media*; Abb. 63).

Charakteristisch sind Stengellose Kratzdistel (*Cirsium acaule*), Knolliger Hahnenfuß (*Ranunculus bulbosus*), Silberdistel (*Carlina acaulis*), Futter-Esparsette (*Onobrychis viciifolia*), Helm- (*Orchis militaris*), Brand- (*Orchis ustulata*) und Kleines Knabenkraut (*Orchis morio*), Ragwurzarten (*Ophrys* spp.), Gefranster (*Gentiana ciliata*), Deutscher (*Gentiana germanica*) und Kreuz-Enzian (*Gentiana cruciata*) sowie Warzen-Wolfsmilch (*Euphorbia verrucosa*).

Trockenrasen beherbergen häufig Gewöhnliches Sonnenröschen (*Helianthemum nummularium*), Scharfen Mauerpfeffer (*Sedum acre*), Edel- und (*Teucrium chamaedrys*) Berg-Gamander (*Teucrium montanum*), Karthäusernelke (*Dianthus carthusianorum*) und Frühlings-Fingerkraut (*Potentilla tabernaemontani*). Als charakteristisch gelten Gewöhnliche Küchenschelle (*Pulsatilla vulgaris*), Zarter Lein (*Linum tenuifolium*), Steppen-Lieschgras (*Phleum phleoides*), Gewöhnliche Kugelblume (*Globularia punctata*), Heideröschen (*Daphne cneorum*), Trauben-Gamander (*Teucrium botrys*), Wimper-Perlgras (*Melica ciliata*), Erd-Segge (*Carex humilis*), Faserschirm (*Trinia glauca*), Rauer Alant (*Inula hirta*) und Sand-Esparsette (*Onobrychis arenaria*).

Abb. 65: Sand-Thymian (*Thymus serpyllum*). Foto: Gerd Kämmer.

6 Krautsäume der Gebüschkanten

Abb. 67: Weißes Buschwindröschen (*Anemone nemorosa*). Foto: SILKE DEHE.

Abb. 66: Gelbes Buschwindröschen (*Anemone ranunculoides*). Foto: SILKE DEHE.

Abb. 68: Gelbstern (*Gagea* spec.). Foto: SILKE DEHE.

Abb. 69: Scilla (*Scilla* spec.). Foto: SILKE DEHE.

Abb. 70: Lerchensporn (*Corydalis* spec.). Foto: SILKE DEHE.

Abb. 71: Salomonsiegel (*Polygonatum odoratum*). Foto: SILKE DEHE.

Abb. 72: Schneeglöckchen (*Galanthus nivalis*). Foto: SILKE DEHE.

Abb. 73: Schlüsselblumen (*Primula* spec.). Foto: SILKE DEHE.

Abb. 74: Waldmeister (*Galium odoratum*). Foto: Silke Dehe.

Abb. 75: Große Sternmiere (*Stellaria holostea*). Foto: Silke Dehe.

Abb. 76: Intensiv von Koniks und Galloway verbissene junge Eichen im NSG Schäferhaus bilden eine natürliche Heckenstruktur. Foto: Renate Vanselow.

Weiden, Wiesen und Wald sind heute fein säuberlich durch Zäune und Grenzen getrennt. Das war nicht immer so und es ist auch nicht natürlich. Halboffene Weidelandschaften zeigen einen sehr naturnahen, fließenden Übergang von kurz gefressenen Rasen über höher stehende krautreiche Wiesen und Hochstaudenflure zu dornigen, z. T. durch starken Verbiss verdichteten Büschen und darin aufkommenden Schirmbäumen, die einen der Savanne ähnlichen, lichten Wald aufbauen. Im Schutz der dornigen Büsche können sich auf Weiden tritt- und verbissempfindliche Pflanzen entwickeln. Viele Frühjahrsblüher, die wir aus lichten Wäldern kennen, können hier Fuß fassen.

Abb. 77: Konikstute mit Fohlen in der Fraßsavanne NSG Schäferhaus zwischen Weißdornbüschen (*Crataegus* spec.). In der europäischen Fraßsavanne bilden heimische Dornsträucher Gebüsche, in deren Schutz Eichelhäher die schmackhaften Savannen-Schirmbäume (Eichen) anpflanzen. Im Schutz von Weißdorn, Schlehe und Heckenrose können die Eichen aus der Reichweite der hungrigen Mäuler herauswachsen. Es entsteht eine parkähnliche Landschaft aus einem extrem vielfältigen Mosaik unterschiedlichster Vegetation. Foto: Gerd Kämmer.

7 Ufervegetation, Gräben und Flutrasen

Früher waren Naturtränken für das Vieh allerorts normal. Heute stellt der freie Zugang zu Gewässern die Ausnahme dar. Entscheidend für die positive Wirkung ist eine geringe Besatzdichte bzw. eingeschränkte Freigabe des Ufers. Eine natürliche Barriere stellen Gebüsche – oft aus Weidenbüschen bestehend – dar.

Hierher gehören Seggenriede (v. a. Sauergräser; Abb. 78, 79 und 80), Röhrichte (z. B. Schilf), Bruchwälder aus Erlen und Weiden (Abb. 81), aber auch die oben beschriebenen Pfeifengraswiesen und Hochstaudenfluren.

Abb. 78 und 79: Hochseggenried am Ufer eines verlandenden Sees. Konikreservat Staatsgestüt Popielno, Polen. Fotos: RENATE VANSELOW.

Abb. 81: Weidengebüsch als beweidetes Feuchtbiotop im Naturschutzgebiet Schäferhaus. Foto: Renate Vanselow.

Abb. 80: Segge (*Carex* spec.) auf Torfmoosen an einem Gewässerrand. Forstdistrikt Norunda bei Björklinge, Schweden. Foto: Renate Vanselow.

Abb. 82: Bachbungen-Ehrenpreis (*Veronica beccabunga*). Foto: Silke Dehe.

Gräben – vom Menschen geschaffene Biotope – sind ein ebenfalls ständig oder zeitweise von Wasser geprägter Lebensraum, an dem sich Gewächse der Flussufer und Bäche ansiedeln, also Pflanzen, die an freies Wasser, Wechselfeuchte oder Staunässe anpasst sind. Ein wesentlicher Faktor der Gräben ist der periodische Aushub, der offenen Boden mit Licht und viel Feuchtigkeit zur Samenkeimung bietet. Danach setzt eine stetige Vergrasung und Verkrautung ein – bis zum nächsten Aushub. Vom Großen Schwaden (*Glyceria maxima*) über Bachbungen-Ehrenpreis (*Veronica beccabunga*; Abb. 82) bis hin zum Gifthahnenfuß (*Ranunculus sceleratus*; Abb. 24) kann man hier viele Pflanzen entdecken, die auf Weiden sonst nicht stehen.

Abb. 83: Zeitweise überschwemmtes Feuchtgrünland mit Sumpfried (*Eleocharis palustris*) und Wasserknöterich (*Polygonum amphibium*). Foto: Renate Vanselow.

Abb. 84: Karlszepter (*Pedicularis sceptrum-carolinum*), Naturschutzgebiet Ettaler Weidmoos an der Amper bei Oberammergau. Diese extrem artenreichen Wiesen entstanden auf Moorboden unter extensiver Beweidung. Foto: Renate Vanselow.

Abb. 86: Milzkraut (*Chrysosplenium oppositifolium*). Foto: Silke Dehe

Abb. 85: Fieberklee (*Menyanthes trifoliata*). Foto: Silke Dehe

Flutrasen sind beweidete Flächen, die zeitweise durch oberflächlich fließendes Wasser nass sind oder sogar überschwemmt werden. Die produktiven, nährstoffliebenden Arten der Flutrasen gehen fließend über zu den modernen Düngeweiden. Die Flächen können nur bei Trockenheit begangen werden. Typisch sind Pflanzen, die Ausläufer bilden oder durch Wurzelsprosse große Flächen schnell besiedeln können, beispielsweise Minzen (*Mentha* spp.), Weißes Straußgras (*Agrostis stolonifera*), Knick-Fuchsschwanz (*Alopecurus geniculatus*), Flutender Schwaden (*Glyceria fluitans*), Behaarte Segge (*Carex hirta*), Quecke (*Agropyron repens*), aber auch das Gänsefingerkraut (*Potentilla anserina*) oder horstig wachsende Pflanzen wie Krauser Ampfer (*Rumex crispus*), Rohrschwingel (*Festuca arundinacea*) und Binsen (*Juncus inflexus*).

Abb. 87: Galloway als Landschaftspfleger zur ganzjährigen Beweidung des Ufers im NSG Bültsee – hier im »Wellnessbereich«. Die Rinder haben bereits erfolgreich den ursprünglich nicht vorhandenen Schilfgürtel vernichtet und so wieder Platz für Wasserlobelie, Strandling, Brachsenkraut und Pillenfarn geschaffen. Auch das Weidengestrüpp droht diese extrem geschützte Vegetation zu erdrücken. Die Rinder fressen das Gehölz und scheuern sich daran den juckenden Pelz. Zudem schaffen sie Sandkuhlen zur Körperpflege. Der offene Boden ist Lebensraum seltenster Insekten und Pflanzen. Foto: Renate Vanselow.

Teil 2: Zeigerpflanzen

Pflanzen wachsen nicht überall, sondern nur dort, wo sie sich halten können. Dabei finden sie ihr Zuhause selten dort, wo sie eigentlich ihren Fähigkeiten entsprechende, optimale Verhältnisse vorfinden würden (physiologisches Optimum), sondern meistens dort, wo die wuchskräftigere Konkurrenz nicht länger mithalten kann (ökologisches Optimum). So werden die Verschiebungen der Bewirtschaftung auch in den Beschreibungen der Ökologen sichtbar: Oberdorfer (1983) stellt fest, dass Scharfer Hahnenfuß ein Nährstoffzeiger und speziell Düngeanzeiger, Scharbockskraut ebenfalls ein Nährstoffzeiger ist oder Spitzwegerich auf nährstoffreichen Böden und auf Fettwiesen wächst. In aktuellen Artenlisten für das Norddeutsche Flachland werden gelegentlich eben diese Pflanzen als düngeempfindlich eingestuft. Was ist passiert? Die Pflanzen haben sich nicht verändert, aber die Böden haben in den vergangenen Jahrzehnten eine beispiellose Aufdüngung erfahren (Vanselow 2005). Ebenso wurden Gräser gezüchtet, die besonders wuchsfreudig auf starke Düngung reagieren und dann die weniger wüchsigen Kräuter aus ihrer bisherigen Nische verdrängen. Wir sollten diese Ursachen sehr bewusst wahrnehmen, anstatt die Skala der Pflanzeneigenschaften kritiklos anzupassen.

Das Beispiel zeigt, dass Zeigerpflanzen relativ zu betrachten sind, im Kontext zu ihrer Umwelt. Ohne Konkurrenz, gepflegt im Garten, würden sie ganz andere Voraussetzungen bevorzugen als unter stressigen Wettbewerbsbedingungen in der Natur. Daher sind die Zeigerpflanzen immer mit Vorsicht zu interpretieren. Sie können sehr wohl auch ganz woanders wachsen. Eine einzelne Pflanze hat – auch bei Massenaufkommen z. B. in einem Garten – keinen Zeigerwert. Erst die Kombination mit weiteren Pflanzen, die ähnliche Bedingungen anzeigen, lässt einen Schluss auf den Standort zu. Auch eine Skalierung in sog. Zeigerwerte (Ellenberg et al. 1992) ist mit großer Vorsicht zu genießen und stellt Erfahrungswerte dar, die nur von Fachleuten interpretiert werden sollten. Daher werden hier die allgemeineren und oft in der Kombination gut treffenden Angaben von Oberdorfer (1983) verwendet.

Nährstoff-/ Düngezeiger allgemein

Aronstab (*Arum maculatum*), Gänsefingerkraut (*Potentilla anserina*), Kleine Brunelle (*Prunella vulgaris*), Löwenzahn (*Taraxacum officinale*), Scharbockskraut (*Ranunculus ficaria*; Abb. 88), verschiedene Greiskrautarten (*Senecio* spp.), Gewöhnliche Kratzdistel (*Cirsium vulgare*; Abb. 89), Brennnessel (*Urtica dioica*), Strahlenlose Kamille (*Matricaria matricarioides*), Geflügeltes Johanniskraut (*Hypericum tetrapterum*; Abb. 90), Stumpfblättriger Ampfer (*Rumex obtusifolius*; Abb. 35 und 91), Acker-Kratzdistel (*Cirsium arvense*; Abb. 33 und 34), Taube Trespe (*Bromus sterilis*), Knäuelgras (*Dactylis glomerata*), Gemeine Quecke (*Agropyron repens*).

Abb. 88: Scharbockskraut (*Ranunculus ficaria*). Foto: Silke Dehe.

Abb. 89: Gewöhnliche Kratzdistel (*Cirsium vulgare*). Foto: Silke Dehe.

Abb. 90: Johanniskraut (*Hypericum* spec.). Foto: Silke Dehe.

Abb. 91: Stumpfblättriger Ampfer (*Rumex obtusifolius*). Foto: Silke Dehe.

Spezielle Stickstoffzeiger

Gewöhnliches Greiskraut (*Senecio vulgaris*), Wasser- (*S. aquaticus*) und Waldgreiskraut (*S. sylvaticus*), Gewöhnliche Kratzdistel (*Cirsium vulgare*), Kletten-Labkraut (*Galium aparine*), Gundelrebe (Gundermann, *Glechoma hederacea*; Abb. 92), Beinwell (*Symphytum* spp.), Schafgarbe (*Achillea* spp.), Stumpfblättriger Ampfer (*Rumex obtusifolius*; Abb. 35 und 91), Krauser Ampfer (*Rumex crispus*), Weg-Rauke (*Sisymbrium officinale*), Vogelmiere (*Stellaria media*), Gänseblümchen (*Bellis perennis*), Vogelknöterich (*Polygonum aviculare*), Taube Trespe (*Bromus sterilis*), Knäuelgras (*Dactylis glomerata*), Quecke (*Agropyron repens*), Einjähriges Rispengras (*Poa annua*).

Abb. 92: Gundelrebe (Gundermann, *Glechoma hederacea*). Foto: Silke Dehe.

Sogenannte Güllevegetation

Eine eigene Gruppe bilden die Pflanzen der sogenannten Güllevegetation. Dieser Begriff ist nicht eindeutig definiert, wird aber allgemein verwendet für Nitrophyten, also Stickstoff liebende Gewächse, die einige bestimmte Merkmale mit sich bringen: Ihre verschluckten Samen überstehen den Weg durch den Verdauungstrakt der Weidetiere und werden über den Dung verbreitet. Die Samen überstehen auch die Lagerung in der Gülle längere Zeit und profitieren von der großflächigen Ausbringung dieses flüssigen organischen Düngers in der Landschaft. Zu diesen Gewächsen zählen Brennnessel (*Urtica dioica*), Acker-Kratzdistel (*Cirsium arvense*), Hahnenfüße (*Ranunculus*, Abb. 23), Ampfer (*Rumex*) und Weidelgräser (*Lolium*).

Bodenverdichtungszeiger

Gänsefingerkraut (*Potentilla anserina*), Kriechender Hahnenfuß (*Ranunculus repens*), Strahlenlose Kamille (*Matricaria matricarioides*), Breitwegerich (*Plantago major*), Krauser Ampfer (*Rumex crispus*), Riesen-Schwingel (*Festuca gigantea*), Schaf-Schwingel (*Festuca ovina* agg.), Rohr-Schwingel (*Festuca arundinacea*), Kröten-Binse (*Juncus bufonius*).

Düngefeindliche Gewächse

Wundklee (*Anthyllis* spp.), Vielblütige Hainsimse (*Luzula multiflora*).

Zeiger offener Tritt- und Unkrautfluren

Einjähriges Rispengras (*Poa annua*), Strahlenlose Kamille (*Matricaria matricarioides*), Vogelknöterich (*Polygonum aviculare*), Vogelmiere (*Stellaria media*), verschiedene Greiskräuter (*Senecio* spp.), verschiedene Mohnarten (*Papaver* spp.; Abb. 93).

Abb. 93: Mohn (*Papaver* spp.). Foto: Silke Dehe.

Störungs- und Nässezeiger

Gewöhnliches Rispengras (*Poa trivialis*), Flatterbinse (*Juncus effusus*; Abb. 94), Knäuelbinse (*Juncus conglomeratus*).

Abb. 94: Flatterbinse (*Juncus effusus*). Foto: Silke Dehe.

Wechselfeuchtezeiger

Spatelblättriges Greiskraut (*Senecio helenitis*), Großer Wiesenknopf (*Sanguisorba officinalis;* Abb. 95), Blaugrüne Segge (*Carex flacca*), Geflügeltes Johanniskraut (Wechselnässe) (*Hypericum tetrapterum*), Betonie (Heil-Ziest, *Stachys officinalis*).

Abb. 95: Großer Wiesenknopf (*Sanguisorba major*) mit einem Perlmutterfalter. Foto: Silke Dehe.

Feuchtezeiger

Kuckucks-Lichtnelke (*Lychnis flos-cuculi*), Gänsefingerkraut (*Potentilla anserina*).

Magerkeitszeiger

Blutwurz (*Potentilla erecta*), Gewöhnliche Kreuzblume (*Polygala vulgaris;* Abb. 96), Gewöhnliches Ferkelkraut (*Hypochaeris radicata*), Orangerotes Habichtskraut (*Hieracium aurantiacum;* Abb. 97), Kleines Habichtskraut (*Hieracium pilosella;* Abb. 98), Rundblättrige Glockenblume (*Campanula rotundifolia;* Abb. 99), Gewöhnliches Katzenpfötchen (*Antennaria dioica*), Feld-Klee (*Trifolium campestre*), Kleiner Klappertopf (*Rhinanthus minor;* Abb. 100), Kleiner Sauerampfer (*Rumex acetosella;* Abb. 101 und 102), Wiesen-Augentrost

(*Euphrasia officinalis* subsp. *rostkoviana*; Abb. 103), Kriechende Hauhechel (*Ononis repens*), Kleiner Wiesenknopf (*Sanguisorba minor*), Feld-Hainsimse (*Luzula campestris*; Abb. 104 und 105), Drahtschmiele (*Deschampsia flexuosa*), Rotes Straußgras (*Agrostis capillaris*), Aufrechte Trespe (*Bromus erectus*), Echtes Johanniskraut (*Hypericum perforatum*; Abb. 106), Zittergras (*Briza* spp.), Pfeifengras (*Molinia* spp.), Ruchgras (*Anthoxanthum* spp.; Abb. 107), Betonie (Heil-Ziest, *Stachys officinalis*).

Abb. 96: Kreuzblume (*Polygala vulgaris*), zwischen Schafgarbe (*Achillea* spec.) wachsend. Foto: Silke Dehe.

Abb. 97: Orangerotes Habichtskraut (*Hieracium aurantiacum*). Foto: SILKE DEHE.

Abb. 98: Kleines Habichtskraut (*Hieracium pilosella*). Foto: SILKE DEHE.

Abb. 99: Rundblättrige Glockenblume (*Campanula rotundifolia*) und im Vordergrund Hasenpfoten-Segge (*Carex leporina*). Foto: GERD KÄMMER.

Abb. 100: Klappertopf (*Rhinanthus* spec.). Foto: SILKE DEHE.

Abb. 101 und **102:** Kleiner Sauerampfer (*Rumex acetosella*). Fotos: SILKE DEHE.

Abb. 103: Augentrost (*Euphrasia officinalis*). Foto: Gerd Kämmer.

Abb. 104: Feld-Hainsimse (*Luzula campestris*). Originalscan einer Herbarpflanze der Autorin.

Abb. 105: Feld-Hainsimse (*Luzula campestris*). Foto: Silke Dehe.

Abb. 106: Echtes Johanniskraut (*Hypericum perforatum*), Hasen-Klee (*Trifolium arvense*), Rainfarn (*Chrysanthemum vulgare*) und Schafgarbe (*Achillea millefolium*), Naturschutzgebiet Schäferhaus. Foto: Renate Vanselow.

Abb. 107: Ruchgras (*Anthoxanthum odoratum*). Foto: Silke Dehe.

Säurezeiger

Blutwurz (*Potentilla erecta*), Gewöhnliches Ferkelkraut (*Hypochaeris radicata*), Hasen-Klee (*Trifolium arvense*; Abb. 108 und 109), Wiesen-Wachtelweizen (*Melampyrum pratense*), Kleiner Sauerampfer (*Rumex acetosella*; Abb. 101 und 102), Feld-Hainsimse (*Luzula campestris*; Abb. 104 und 105), Drahtschmiele (*Deschampsia flexuosa*), Weiches Honiggras (*Holcus mollis*).

Abb. 108 und 109: Hasen-Klee (*Trifolium arvense*), Naturschutzgebiet Schäferhaus. Fotos: Renate Vanselow.

Verhagerungs- und Degradationszeiger

Wiesen-Wachtelweizen (*Melampyrum pratense*), Schafschwingel (*Festuca ovina* agg.), Hainrispengras (*Poa nemoralis*), Weiches Honiggras (*Holcus mollis*).

Abb. 110 und 111: Flechten-Moose-Rasen auf ärmstem Sandboden im unbeweideten Bereich im Naturschutzgebiet Schäferhaus. Die Fruchtkörper der Moose sind rot, die Flechten grau-grün, die Grasbüschel stammen von Schafschwingel (*Festuca ovina*). Fotos: Renate Vanselow.

Weiterführende Literatur

Briemle, G., D. Eickhoff & R. Wolf (1991): Mindestpflege und Mindestnutzung unterschiedlicher Grünlandtypen aus landschaftsökologischer und landeskultureller Sicht. Praktische Anleitung zur Erkennung, Nutzung und Pflege von Grünlandgesellschaften. – Herausgegeben von der Landesanstalt für Umweltschutz Baden-Württemberg, Karlsruhe, und der Staatlichen Lehr- und Versuchsanstalt für Viehhaltung und Grünlandwirtschaft, Aulendorf, 160 S.

Bunzel-Drüke, M., C. Böhm, P. Finck, G. Kämmer, R. Luick, E. Reisinger, U. Riecken, J. Riedl, M. Scharf & O. Zimball (2008): Praxisleitfaden für Ganzjahresbeweidung in Naturschutz und Landschaftsentwicklung – »Wilde Weiden«. – Arbeitsgemeinschaft Biologischer Umweltschutz im Kreis Soest e.V., Bad Sassendorf-Lohne, 215 S.

Bunzel-Drüke, M., C. Böhm, G. Ellwanger, P. Finck, H. Grell, L. Hauswirth, A. Herrmann, E. Jedicke, R. Joest, G. Kämmer, M. Köhler, D. Kolligs, R. Krawczynski, A. Lorenz, R. Luick, S. Mann, H. Nickel, U. Raths, E. Reisinger, U. Riecken, H. Rössling, R. Sollmann, A. Ssymank, K. Thomsen, T. Tischew, H. Vierhaus, H.-G. Wagner & O. Zimball (2015): Naturnahe Beweidung und Natura 2000 – Ganzjahresbeweidung im Management von Lebensraumtypen und Arten im europäischen Schutzgebietsystem Natura 2000. – Heinz Sielmann Stiftung, Duderstadt, 291 S.

Ellenberg, H. (1986): Vegetation Mitteleuropas mit den Alpen. – Ulmer, Stuttgart, 989 S.

Ellenberg, H., Düll, R., Wirth, V., Werner, W. & D. Paulissen (1992): Zeigerwerte von Pflanzen in Mitteleuropa. Scripta Geobotanica, Vol. 18, Vlg. Erich Goltze KG, Göttingen, 258 S.

Fitter, R., A. Fitter & M. Blamey (1986): Pareys Blumenbuch. Wildblühende Pflanzen Deutschlands und Nordwesteuropas. – Kosmos, Stuttgart, 366 S.

Oberdorfer, E. (1983): Pflanzensoziologische Exkursionsflora. – Eugen Ulmer, Stuttgart, 1051 S.

Vanselow, R. U. (2002): Risiken und Nebenwirkungen einer Begegnung. Giftpflanzen und Pferde. Eine wechselseitige Anpassung. – Ed. Schürer, Kirchheim, 63 S.

Vanselow, R. U. (2005): Pferdeweide – Weidelandschaft. Kulturgeschichtliche, ökologische und tiermedizinische Zusammenhänge. Ein Leitfaden und Handbuch für die Praxis. – Die Neue Brehm-Bücherei Bd. 657, Westarp Wissenschaften, Hohenwarsleben, 238 S.

Vanselow, R. (2011): Giftige Gräser auf Pferdeweiden. Endophyten und Fruktane – Risiken für die Tiergesundheit. Westarp Wissenschaften (Die Neue Brehm-Bücherei), Hohenwarsleben, 3., überarb. Aufl., NBB kompakt Bd. 1, 97 S.

Vanselow, R. & Weber, C. A. (2012): Süßgräserfibel für Pferdehalter. Westarp Wissenschaften (Die Neue Brehm-Bücherei), Hohenwarsleben, NBB Scout Bd. 1, 101 S.

Weber, C. A. & Vanselow, R. (2011): Der Duwock oder Sumpf-Schachtelhalm (Equisetum palustre). Strategien zur Verdrängung der Giftpflanze auf Wiesen und Weiden. Westarp Wissenschaften (Die Neue Brehm-Bücherei), Hohenwarsleben, 1. Aufl., NBB Bd. 678, 144 S.

Vanselow, Renate U.
Pferdeweide-Weidelandschaft
Kulturgeschichtliche, ökologische und tiermedizinische Zusammenhänge - Leitfaden und Handbuch
Die Neue Brehm-Bücherei Bd. 657
1. Auflage von 2005
240 S., 29 SW-Abb. , 25 Farb-Abb.,
ISBN: 978-3-89432-912-9
€ 27,95 / sFr 48,90

Vanselow, Renate U.
Giftige Gräser auf Pferdeweiden
Resistenzen durch Endophyten als verborgene Dienstleister - Risiken für die Tiergesundheit
NBB kompakt · Band 1
3., überarb. u. erweiterte Auflage von 2011
98 S., zahlreiche Farb- und SW-Abb.
ISBN: 978-3-89432-112-3
€ 19,95 / sFr 35,00

Carl Albert Weber, Renate Ulrike Vanselow
Der Duwock (Equisetum palustre)
Strategien zur Verdrängung der Giftpflanze auf Wiesen und Weiden
Die Neue Brehm-Bücherei Bd. 678
1. Auflage von 2011
144 S., 7 Farb- und 3 SW-Abb.
ISBN: 978-3-89432-127-7
€ 19,95 / sFr 35,00

Vanselow, Renate U.
Süßgräserfibel für Pferdehalter
mit illustriertem Bestimmungsschlüssel
NBB SCOUT Bd. 1
1. Auflage von 2012
101 S., zahlreiche Farb- und SW-Abb.
ISBN: 978-3-89432-256-4
€ 9,95 / sFr 18,20